KB273640

왜 잠을 자요?

왜 잠을 자요?

에밀리 듀프레인 글
이계순 옮김
서영균 감수

기린미디어

차례

이렇게 <u>밑줄</u>이 그어진 단어의 뜻은 26쪽에 있어요.

온몸이 지쳐서 기운이 없나요?

어느새 밤이 깊었어요. 잠이 솔솔
와서 잠자리에 들고 싶나요?
사람들은 대부분 저녁이 되면
지치고 기운이 없어요.

우리 몸은 온종일 중요한 일을 많이 해요. <u>근육</u>을 쓰거나 새로운 지식을 익히는 것처럼 말이죠. 이런 일들은 아주 힘든 거라고요!

하품

피곤하거나 졸리면 하품이 자꾸 나와요. 그런데 하품이 왜 나오는지는 과학자들도 확실히 몰라요. 처음에는 뇌에 산소가 더 필요해서 하품한다고 생각했지만, 이건 사실이 아니에요.

하품이 옮는다는 거 알고 있나요? 누군가가 하품을 하면, 그 옆에 있는
사람들도 덩달아 하품을 하지요.

꿀잠을 자려면

밤에 꿀잠을 자고 싶나요? 잠 자기 전에 다음과 같은 좋은 습관을 들이면 푹 잘 수 있을 거예요.

따뜻한 물에 몸을 담가
몸과 마음을 편안하게 만들어요.

방을 조용하고 어둡게 해요.

이렇게 하면
밤잠을 설치지 않고
푹 잘 수
있을 거예요.

잠의 단계

잠은 아래처럼 여러 단계로 진행돼요.

3단계:
가장 깊이 잠들었어요.
몸이 회복되면서 성장하고,
면역 체계가 더 강해지는
단계예요.

4단계:
눈알이 빠르게 움직이는
단계인데, 전문 용어로
'렘수면'이라고 해요.
꿈을 눈앞에서 보는 것처럼
또렷하게 꾸지요.

자는 동안 잠의 단계가 번갈아 가며
여러 번 반복될 수 있어요.

침 흘리기와 코골이

입에서는 항상 침이 나와요. 깨어 있을 때는 침을 삼키지만, 잠들었을 때는 침을 삼키지 못하기 때문에 침이 새어 나와요.

코를 고는 것은 입천장 근육이 느슨해졌기 때문이에요. 잠 잘 때 근육이 느슨해지면서 공기가 지나가는 길인 기도가 좁아지거든요. 숨을 쉴 때 이 좁아진 기도가 떨리면서 소리가 나는 거예요.

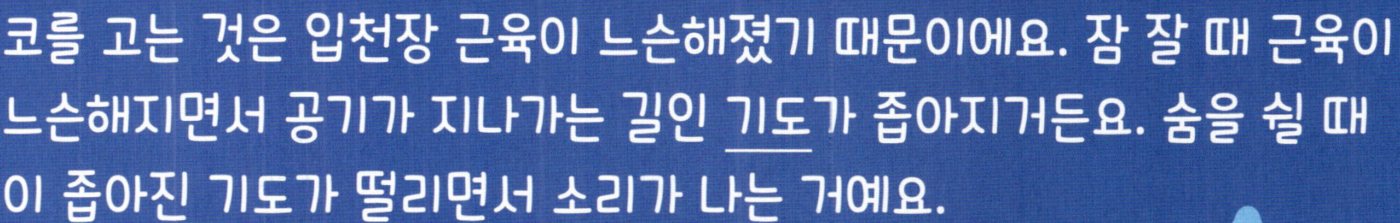

꿈을 꾸나요?

우리는 주로 잠의 네 번째 단계에서 꿈을 꿔요. 몸은 움직이지 않지만, 뇌는 거의 깨어 있을 때처럼 움직여요.

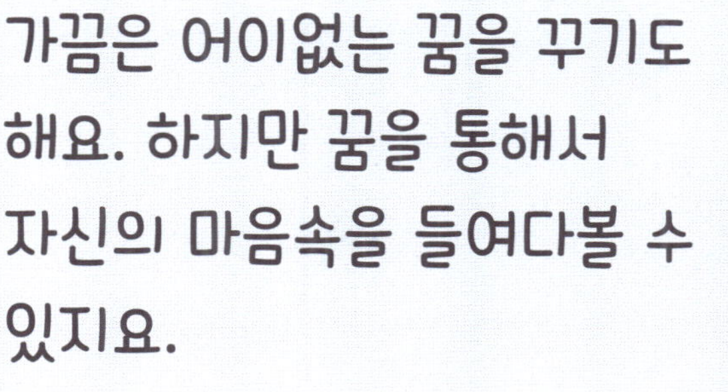

가끔은 어이없는 꿈을 꾸기도
해요. 하지만 꿈을 통해서
자신의 마음속을 들여다볼 수
있지요.

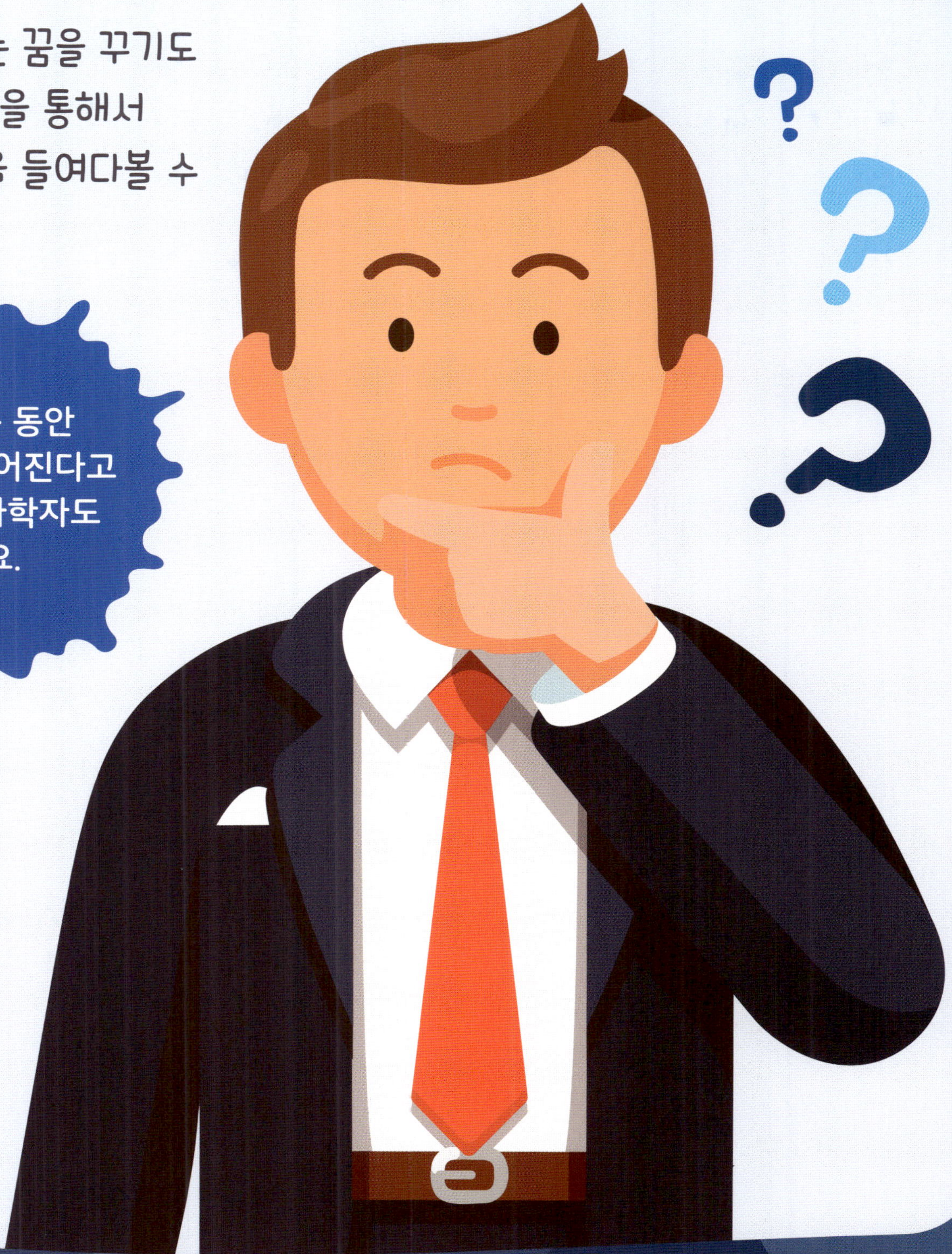

악몽은 싫어요!

아주 무서운 꿈을 악몽이라고 해요. 악몽을 꾸면 온몸이 땀에 젖은 채로 비명을 지르며 잠에서 깨지요. 하지만 걱정하지 말아요! 누구나 악몽을 꾸니까요.

악몽의 종류는 무척 많아요. 어떨 때는 실제로 일어날 수 있는 일이
악몽으로 나와요.

자면서 걸어다닌다고요?

잠든 사람이 마치 깨어 있는 사람처럼 행동할 때 몽유병에 걸렸다고 해요.
몽유병은 주로 잠의 세 번째 단계에서 일어나는데, 말을 하거나 걸어
다니기도 해요.

몽유병으로 돌아다니는 사람을 보면, 소리를 질러 깜짝 놀라게 하지 말아요.
안심시킨 다음 천천히 침대로 데려가요.

이런! 이불에 오줌을 쌌어요

너무 깊이 잠들면 오줌 누러 화장실에 가려고 잠에서 깨지 못할 수 있어요.
오히려 꿈속에서 화장실을 찾을 수도 있지요!

이불에 오줌을 자주 싼다면, 잠 자기 한 시간 전부터 물을 마시지 말아요.
잠들기 전에는 화장실에 갔다 오고요.

세상에, 이럴 수가!

깜짝 퀴즈

아래 그림들은 각각 잠의 몇 단계에서 일어나는 일일까요?
기억이 잘 나지 않으면 책을 다시 보고 확인해 봐요.

[정답] 1. 3단계 2. 3단계 3. 4단계 4. 1단계

무슨 뜻일까요?

근육
7, 15쪽

살과 힘줄을 말해요. 근육이 오므라들고 늘어나면서 우리가 움직일 수 있는 거예요.

기도
15쪽

숨을 쉴 때 공기가 지나가는 길이에요. 콧구멍, 코안, 인두, 후두, 기관, 기관지로 이루어져 있어요. 숨길이라고도 해요.

면역 체계
13쪽

우리 몸을 질병에서 보호해 주는 몸속 방어 조직이에요.

산소
8쪽

사람뿐만 아니라 다른 동·식물이 살아가는 데도 꼭 필요한 기체예요. 기체는 공기처럼 모양과 부피가 없는 물질의 상태를 말해요.

성장
13쪽

우리 몸이 점점 자라 커지는 거예요.

진화
18쪽

시간이 흐르면서 생물이 환경에 적응하고 발전해 가는 과정이에요.

체온
12쪽

우리 몸의 온도예요. 온도란 차갑고 뜨거운 정도를 숫자로 나타낸 거예요.

회복
13쪽

원래의 상태로 돌아가는 거예요. 기운을 되찾거나 아팠다가 낫는 것 모두 회복이에요.

삐뽀삐뽀 우리 몸

왜 잠을 자요?

초판 1쇄 발행 2021년 5월 25일
글쓴이 에밀리 듀프레인 | 옮긴이 이계순 | 감수 서영균
펴낸이 홍성우 | 책임 편집 이정은 | 디자인 박두레
펴낸곳 기린미디어 | 등록 2016년 4월 26일 제 409-2016-000009호
주소 경기도 김포시 모담공원로 17
전화 0505-302-2381 | 팩스 0505-300-2381 | 전자우편 girinmedia@daum.net

ISBN 979-11-91142-22-8 74470
　　　 979-11-91142-11-2 (세트)

*책값은 뒤표지에 표시되어 있습니다.

*파본이나 잘못된 책은 구입하신 곳에서 바꿔드립니다.

 품명 아동 도서 | 사용연령 5세 이상 | 제조국 대한민국 | 제조년월 2021년 5월 25일 | 제조자명 기린미디어
연락처 0505-302-2381 | 주소 경기도 김포시 모담공원로 17
주의사항 종이에 베이거나 긁히지 않도록 조심하세요. 책 모서리가 날카로우니 던지거나 떨어뜨리지 마세요.
KC마크는 이 제품이 공통안전기준에 적합하였음을 의미합니다.

이미지 출처

셔터스톡, 게티이미지, 싱크스톡포토, 아이스톡포토
표지, p3 : Dmitry Natashin, Nadzin, Iconic Bestiary, Vivid vector. 모든 페이지마다 사용된 이미지 : Nadzin, TheFarAwayKingdom. p4-6 :
Iconic Bestiary. p8 : svtdesign. p9 : Iconic Bestiary. p10 : derter. p11 : eHrach, Iconic Bestiary. p12-18 : Iconic Bestiary. p19 : Roi and
Roi. p20-21 : Iconic Bestiary. p22 : Perfect Vectors. p23 : HedgehogVector. p24-25 : Iconic Bestiary. p25 : Perfect Vectors.

글쓴이 에밀리 듀프레인
캐나다에서 작가이자 시인으로 활동하고 있습니다. <일 년 내내> 시리즈와 <환경 문제> 시리즈를 비롯한 수십 권의 어린이 교양 도서를 썼습니다.

옮긴이 이계순
서울대학교를 졸업했고, 인문사회부터 과학에 이르기까지 폭넓은 분야에 관심을 갖고 공부하는 것을 좋아합니다. 좋은 어린이·청소년 책을 우리말로 옮기는 일에 힘쓰고 있습니다. 옮긴 책으로 《캣보이》, 《1분 1시간 1일 나와 승리 사이》, 《말똥말똥 잠이 안 와》, 《지키지 말아야 할 비밀》, <공룡 나라 친구들 시리즈(전11권)> 등이 있습니다.

감수 서영균
서울대학교 의과대학을 졸업한 의학박사, 가정의학과 전문의입니다. KBS <생로병사의 비밀>, 채널A <나는 몸신이다> 등 다수의 프로그램에 출연했습니다. 현재 한림대학교 성심병원 가정의학과 교수입니다.